Geoquímica exprés de bolsillo

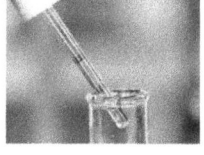

Ricardo A. Valls

http://orcid.org/0000-0002-5421-0914
ISBN-13: 978-1-7906-5892-3
Pre-print DOI: 10.31219/osf.io/3wd95

DEDICATORIA

A mis estudiantes y a todos los interesados en el bello Mundo de la Geología, en especial, la Geoquímica aplicada.
Especiales gracias a Alex Caniguate de ACT Labs en Chile, Carlos A. Betancourt de ACT Labs Colombia, y a Oscar Coral de ALS en Colombia, por sus comentarios y sugerencias.

CONTENIDO

1 INTRODUCCIÓN

Existen varios métodos para el análisis de los minerales. Entre los más exactos tenemos las secciones delgadas o los microscopios electrónicos. Pero estos métodos sólo pueden utilizados en instalaciones especiales y requieren, generalmente, de una preparación más profesional. También las propiedades físicas de un mineral a veces bastan para identificarlo. En cambio, hay minerales que presentan propiedades físicas muy semejantes, pero que se diferencian radicalmente por su composición química. En esos casos tenemos que recurrir a los análisis químicos para poder identificar el mineral estudiado. Con este artículo quiero ofrecerle al aficionado a la geología una segura guía para que logre identificar cuarenta y dos de los elementos más comunes para que de esta forma esté preparado para identificar el mineral que está estudiando. En negritas están señalados los elementos de importancia industrial más comunes. Para realizar estos experimentos no son necesarios equipos especiales, por lo que los mismos pueden ser efectuados directamente en el campo. Este artículo está dedicado al geólogo de campo y al aficionado a la geología. Espero les sea útil en su labor diaria. El mismo es una selección de técnicas explicadas en el libro de Mineralogía (Kraus, Hunt, & Ramsdell, 1959) con algunos consejos prácticos del autor.

2 MATERIALES Y REACTIVOS

1. Ácido clorhídrico (HCl).
2. Ácido clorhídrico platínico ($H_2[PtCl6]\cdot nH_2O$).
3. Ácido nítrico (HNO_3)- concentrado.
4. Ácido nítrico (HNO_3)- diluido. Una parte de ácido y dos partes de agua destilada.
5. Ácido sulfúrico (H_2SO_4).
6. Agua destilada (H_2O).
7. Agua regia- tres partes de ácido clorhídrico concentrado (HCl) con una parte de Ácido nítrico (HNO_3) concentrado.
8. Alambre de cobre (Cu).
9. Alcohol (C_2H_5OH)
10. Amoníaco (NH_4)
11. Bisulfato de potasio ($KHSO_4$) en polvo.
12. Carbonato de amonio (NH_4CO_3).
13. Carbonato de sodio (Na_2CO_3)
14. Cloruro de amonio (NH_4Cl).
15. Cloruro de bario ($BaCl_2$).
16. Cloruro de estaño ($SnCl_2.2H_2O$) en polvo. Se diluye en agua destilada en el momento de usarse.
17. Cloruro de hierro ($FeCl_3$) en polvo. Se diluye en agua destilada en el momento de usarse.
18. Cloruro de magnesio ($MgCl_2$).
19. Estaño metálico (Sn)

20. Ferrocianuro potásico ($C_6FeK_4N_6 \cdot 3\ H_2O$).
21. Fosfato ácido de sodio ($Na_2H_3PO_4$).
22. Hidróxido de amonio (NH_4OH)- un parte de amoníaco disuelto en 2 partes de agua destilada.
23. Hidróxido de potasio (KOH).
24. Molibdato amónico ($NH_4)6Mo_7O_{24}+4H_2O$
25. Nitrato de plata ($AgNO_3$)- 21.5 g disueltos en 500 cc de agua destilada. Guardar en una botella ámbar.
26. Óxido de calcio (CaO).
27. Óxido de estaño (SnO_2).
28. Óxido de plomo (PbO_2).
29. Peróxido de hidrógeno (H_2O_2).
30. Peróxido de plomo ($Pb(O_2)_2$).
31. Sulfato dibásico de sodio (Na_2HPO_4).
32. Sulfato ferroso ($FeSO_4$).
33. Sulfuro de sodio (Na_2S).
34. Yoduro de potasio (KI).
35. Zinc metálico granulado (Zn).
36. Bata de corte lago o delantal.
37. Botiquín de urgencias.
38. Goteros
39. Guantes de protección.
40. Mechero.
41. Mortero.
42. Papel de filtro.
43. Papel de plata.
44. Pinzas.
45. Plato de porcelana o crisol.
46. Papel pH.
47. Reloj contador.
48. Tabla de carbón.
49. Termómetro
50. Tubos de ensayo PYREX ® largos.

Estos materiales y equipos pueden ser adquiridos en línea en sitios como http://www.canadalab.ca/, https://www.labdepotinc.com/, y https://www.fishersci.ca/ca/en/home.html.

3 NORMAS DE SEGURIDAD

Recuerdo que la primera vez que abrí descuidadamente un pomito con cristales de nitrato de plata (tenía sólo 12 años), sencillamente me lavé las manos antes de asegurarme que no quedaban cristales en la piel... al otro día tenía ambas manos negras por la reacción y las tuve así hasta que no se calló la piel... no fue doloroso, pero aprendí bien la lección. El autor asume que el lector conoce las reglas y normativas de seguridad para trabajar con substancias químicas, llamas abiertas, etc., no obstante aclaremos algunas de ellas.

Entre algunas de las normas lógicas para tener en cuenta mientras trabajamos con sustancias químicas tenemos:

- No fumes, comas o bebas.
- Utiliza una bata y tenla siempre bien abrochada, así protegerás tu ropa.
- No uses prendas u otros artículos personales.
- Mantén limpia la mesa de trabajo. Dispón sobre la mesa sólo los libros y cuadernos que sean necesarios.
- No lleves bufandas, pañuelos largos ni prendas u objetos que dificulten tu movilidad.
- Si tienes el cabello largo, recógetelo.
- Ten siempre tus manos limpias y secas. Si tienes alguna herida, tápala.
- Recuerda dónde está situado el botiquín.
- Mantén el área de trabajo limpia y ordenada.
- Antes de manipular un aparato o montaje eléctrico,

desconéctalo de la red eléctrica.

• Fíjate en los signos de peligrosidad que aparecen en los frascos de los productos químicos.

• Lávate las manos con jabón después de tocar cualquier producto químico.

• Al acabar la práctica, limpia y ordena el material utilizado.

• Si te salpicas accidentalmente, lava la zona afectada con agua abundante. Si salpicas la mesa, límpiala con agua y sécala después con un paño.

• Evita el contacto con fuentes de calor. No manipules cerca de ellas sustancias inflamables. Para sujetar el instrumental de vidrio y retirarlo del fuego, utiliza pinzas. Cuando calientes los tubos de ensayo con la ayuda de dichas pinzas, procura darles cierta inclinación en dirección opuesta a tu cuerpo. Nunca mires directamente al interior del tubo por su abertura ni dirijas esta hacia algún compañero.

• Todos los productos inflamables deben almacenarse en un lugar adecuado y separados de los ácidos, las bases y los reactivos oxidantes.

• Los ácidos y las bases fuertes han de manejarse con mucha precaución, ya que la mayoría son corrosivos y, si caen sobre la piel o la ropa, pueden producir heridas y quemaduras importantes.

• Si tienes que mezclar algún ácido (por ejemplo, ácido sulfúrico) con agua, añade el ácido sobre el agua, nunca al contrario, pues producto de la reacción exotérmica el ácido «saltaría» y podría provocarte quemaduras en la cara y los ojos.

• No dejes destapados los frascos ni aspires su contenido. Muchas sustancias líquidas (alcohol, éter, cloroformo, amoníaco...) emiten vapores tóxicos.

Primeros auxilios en caso de accidentes

De acuerdo con "La Ciencia" (http://ow.ly/StG030mDc2d), los accidentes más frecuentes en un laboratorio son: cortes y heridas, quemaduras o corrosiones, salpicaduras en los ojos e ingestión de productos químicos.

1.- Cortes y heridas.

Lavar la parte del cuerpo afectada con agua y jabón. No importa dejar sangrar, algo la herida, pues ello contribuye a evitar la infección. Aplicar después agua oxigenada y cubrir con gasa grasa (linitul), tapar después con gasa esterilizada, algodón y sujetar con esparadrapo o venda. Si persiste la hemorragia o han quedado restos de objetos extraños (trozos de vidrio, etc.), se acudirá a un centro sanitario.

2.- Quemaduras o corrosiones.

- Por fuego u objetos calientes. No lavar la lesión con agua. Tratarla con disolución acuosa o alcohólica muy diluida de ácido pícrico (al 1 %) o pomada especial para quemaduras y vendar.
- Por ácidos, en la piel. Cortar lo más rápidamente posible la ropa empapada por el ácido. Echar abundante agua a la parte afectada. Neutralizar la acidez de la piel con disolución de carbonato hidrogenado sódico al 1%. (si se trata de ácido nítrico, utilizar disolución de bórax al 2%). Después vendar.
- Por álcalis, en la piel. Aplicar agua abundante y aclarar con ácido bórico, disolución al 2 % o ácido acético al 1 %. Después secar, cubrir la parte afectada con pomada y vendar.
- Por otros productos químicos. En general, lavar bien con agua y jabón.

3.- Salpicaduras en los ojos.

- Por ácidos. Inmediatamente después del accidente irrigar los dos ojos con grandes cantidades de agua templada a ser posible. Mantener los ojos abiertos, de tal modo que el agua penetre debajo de los párpados. Continuar con la irrigación por lo menos durante 15 minutos. A continuación, lavar los ojos con disolución de carbonato hidrogenado sódico al 1 % con ayuda de la bañera ocular, renovando la disolución dos o tres veces, dejando por último en contacto durante 5 minutos.
- Por álcalis. Inmediatamente después del accidente irrigar los dos ojos con grandes cantidades de agua, templada a ser posible. Mantener los ojos abiertos, de tal modo que el agua penetre debajo

de los párpados. Continuar con la irrigación por lo menos durante 15 minutos. A continuación, lavar los ojos con disolución de ácido bórico al 1 % con ayuda de la bañera ocular, renovando la disolución dos o tres veces, dejando por último en contacto durante 5 minutos.

4.- Ingestión de productos químicos.

Antes de cualquier actuación concreta: REQUERIMIENTO URGENTE DE ATENCIÓN MÉDICA. Retirar el agente nocivo del contacto con el paciente. No darle a ingerir nada por la boca ni inducirlo al vómito.

- Ácidos corrosivos. No provocar jamás el vómito. Administrar lechada de magnesia en grandes cantidades. Administrar grandes cantidades de leche.

- Álcalis corrosivos. No provocar jamás el vómito. Administrar abundantes tragos de disolución de ácido acético al 1 %. Administrar grandes cantidades de leche.

- Arsénico y sus compuestos. Provocar el vómito introduciendo los dedos en la boca del paciente hasta tocarle la campanilla. A cada vómito darle abundantes tragos de agua salada templada. Administrar 1 vaso de agua templada con dos cucharadas soperas (no más de 30 g) de $MgSO_4 \cdot 7 H_2O$ o 2 cucharadas soperas de lechada de magnesia (óxido de magnesio en agua).

- Mercurio y sus compuestos. Administrar de 2 a 4 vasos de agua inmediatamente.

Provocar el vómito introduciendo los dedos en la boca del paciente hasta tocarle la campanilla. A cada vómito darle abundantes tragos de agua salada templada. Administrar 15 g de ANTÍDOTO UNIVERSAL en medio vaso de agua templada.

(ANTÍDOTO UNIVERSAL: carbón activo dos partes, óxido de magnesio 1 parte, ácido tánico 1 parte.).

Administrar 1/4 de litro de leche.

- Plomo y sus compuestos. Administrar 1 vaso de agua templada con dos cucharadas soperas (no más de 30 g) de $MgSO_4 \cdot 7 H_2O$ o 2 cucharadas soperas de lechada de magnesia (óxido de magnesio en agua). Administrar de 2 a 4 vasos de agua inmediatamente. Provocar el vómito introduciendo los dedos en la boca del paciente hasta tocarle la campanilla. Administrar 15 g de ANTÍDOTO UNIVERSAL en medio vaso de agua templada.

4 PREPARACIÓN DE LA MUESTRA

Exceptuando la prueba para el estaño, en todas las reacciones que se explican en este texto la muestra ha de ser pulverizada. La pulverización se puede lograr manualmente con un mortero o un molino eléctrico (Fig. 3). Thermo Fisher Scientific (http://ow.ly/Zmor30mDh9O) vende un molino eléctrico portátil muy eficiente para la pulverización de las muestras.

¿Qué hacer si la muestra pulverizada no se disuelve en el reactivo indicado? En ocasiones no es importante el tipo de ácido que se requiere, por lo que podemos probar con otro más fuerte. La fortaleza de un ácido está dada por la cantidad de aniones de hidrógeno en su fórmula. El ácido sulfúrico (H_2SO_4) es más fuerte que el clorhídrico (HCl).

Otro método consiste en calentar el ácido antes de añadirlo a la muestra pulverizada y agitar fuertemente.

En ocasiones es conveniente tostar o fundir previamente la muestra con carbonato de sodio, en una proporción de una parte de muestra con tres partes de carbonato de sodio, sobre carbón vegetal.

En casos más extremos, procede de la forma siguiente- reduzca la muestra al polvo más fino posible. Añada agua destilada. Hervir a borbotones por al menos 5 minutos (a mayor tiempo, mayor solubilidad). Sin dejar reposar, filtre y separe el filtrado en dos recipientes. Pruebe a hacer la reacción con el agua en el primer recipiente. Si aún no resulte, evapore el contenido del segundo recipiente hasta perder ⅔ partes del volumen. Repita el experimento con esta muestra reducida cuya concentración iónica es mucho mayor.

Interferencia de otros elementos

Siempre hemos de tener mucho cuidado a la hora de manipular los materiales y reactivos para evitar su contaminación con agentes externos. Por otra parte, hay ocasiones en que necesitamos eliminar la inferencia provocada por la presencia de otros elementos.

Por ejemplo, en ocasiones cuando queremos determinar la presencia del zinc, es necesario primeramente eliminar el hierro o el aluminio. Para ello, disuelva el polvo de la muestra en ácido y neutralice (pH = 7) añadiendo hidróxido amónico. Filtrar y repetir el proceso para obligar la precipitación del hierro y el aluminio. Filtrar nuevamente y alcalinizar la solución añadiendo más hidróxido amónico (pH > 9). Con esta solución se continúa el proceso para la determinación del zinc.

Si la interferencia es de otro elemento, busque la reacción correspondiente a dicho elemento y realícela. Filtre y compruebe que el elemento ya no está presente repitiendo el experimento. Una vez seguros de que el mismo no está presente, trabaje con el filtrado para determinar el nuevo elemento.

5 DETERMINAR LA PRESENCIA DE ELEMENTOS EN EL CAMPO

Aluminio (Al)

Disolver un poco de la muestra en ácido nítrico concentrado y añadir unas gotas de hidróxido de amonio hasta lograr la alcalinización de la disolución (pH > 7). La presencia de aluminio provoca la formación de un precipitado blanco gelatinoso de hidróxido de aluminio.

Amoníaco (NH_4)

Añadir hidróxido de potasio y hervir en un tubo de ensayos PYREX ®. Se reconoce por el olor, reacción alcalina y humos blancos en presencia de ácido clorhídrico (Fig. 1). La misma reacción se obtiene al calentar la muestra con carbonato de sodio u óxido de calcio.

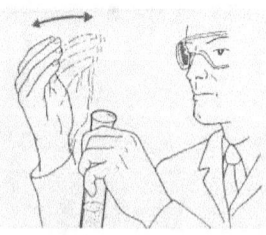

Figura 1. Forma correcta de oler la presencia de un elemento gaseoso.

Antimonio (Sb)

Añadir ácido nítrico concentrado. Caliente ligeramente la muestra en un tubo de ensayos PYREX ® y déjelo enfriar. La presencia de antimonio provocará la formación de un precipitado blanco insoluble en agua o en ácidos.

Arsénico (As)

Añadir ácido nítrico concentrado al polvo de la muestra y hervir durante tres minutos en un tubo de ensayos PYREX ®. Alcalinizar con hidróxido amónico y filtrar. Añadir al filtrado unos pocos cm^3 de una mezcla de cloruro de magnesio y cloruro de amonio. Agitar fuertemente y dejar reposar. El arsénico provocará la formación de un precipitado blanco y cristalino.

Azufre (S)

Sulfuros: se le añade al polvo de la muestra unas gotas de ácido nítrico concentrado y luego la misma cantidad de cloruro de bario. Se formará un precipitado de sulfato de bario.

Sulfatos: se le añade al polvo de la muestra unas gotas de ácido clorhídrico y luego la misma cantidad de cloruro de bario, apreciándose la formación de un precipitado de sulfato de bario.

Bario (Ba)

Disolver el polvo de la muestra en agua y hervir durante tres minutos, luego añadir unas gotas de ácido sulfúrico y se observará la formación de un precipitado blanco de sulfato de bario.

Berilio (Be)

Añadir ácido clorhídrico a la muestra y luego carbonato de amonio. La presencia de Be quedará demostrada con la formación de un precipitado blanco de carbonato de berilio.

Bismuto (Bi)

Añadir al polvo de la muestra ácido clorhídrico y evaporar hasta secar. Al añadir agua destilada se formará un precipitado blanco de oxicloruro de bismuto ($BiOCl$).

Bromo (Br)

Añadir un poco de bisulfato de potasio a muestra y calentar en un tubo de ensayos. La presencia de Br provoca vapores pesados de color rojo. Se ve mejor contra un fondo blanco.

Añadir al polvo de la muestra un poco de ácido nítrico diluido y luego nitrato de plata. Se apreciará la formación de un precipitado de bromuro de plata ($AgBr$) soluble en hidróxido amónico.

Calcio (Ca)

Añadir a la muestra unas gotas de ácido clorhídrico diluido y luego la misma cantidad de ácido sulfúrico diluido. Se apreciará la formación de un precipitado blanco de sulfato de calcio.

Carbono (C)

Al calentarla en un tubo PYREX ® en ocasiones se condensa aceites en la parte fría del tubo. Si el carbono está presente en forma de carbonato, al añadir una gota de cualquier ácido se observará una fuerte efervescencia.

Cerio (Ce)

Añadir a la muestra pulverizada unas gotas de peróxido de plomo y ácido nítrico. Hervir y dejar reposar. Se formará nitrato cérico que dará a la disolución un color naranja.

Cinc (Zn)

Disolver un poco de la muestra en ácido clorhídrico y neutralizar con hidróxido de amonio. Filtrar y añadir más hidróxido de amonio para lograr una disolución amoniacal. Unas pocas gotas de sulfuro sódico precipitarán sulfuro de cinc de color blanco.

Circonio (Zr)

Fundir el polvo con carbonato de sodio en una tabla de carbón vegetal con llama oxidante (Fig. 2).

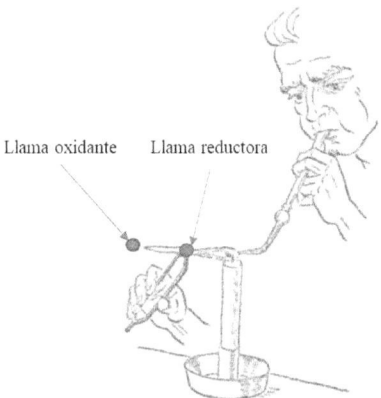

Llama oxidante   Llama reductora

Figura2. Llama oxidante y reductora.

Disolver la muestra fundida en ácido clorhídrico. Hervir y filtrar. Al añadir una gota de Sulfato dibásico de sodio se formará un precipitado de fosfato de circonio de color blanco.

Cloro (Cl)

Disolver en ácido nítrico diluido y luego añadir nitrato de plata. Precipitará un copo blanco de cloruro de plata.

Cobre (Cu)

Disolver el polvo de la muestra en cualquier ácido y alcalinizar con hidróxido amónico. De existir cobre la disolución tomará un color azul oscuro.

Cromo (Cr)

Fundir la muestra en una tabla de carbón con una llama oxidante con bicarbonato de sodio. Añadir agua y acidular con ácido sulfúrico diluido. Enfriar la disolución y añadir peróxido de hidrógeno. La disolución tomará un color azul (H_2CrO_8) que desaparecerá en unos segundos.

Estaño (Sn)

En un tubo de ensayo añadir zinc metálico granulado y encima poner la muestra. Añadir ácido clorhídrico diluido. Luego de unos minutos la muestra se cubre con una película gris de estaño metálico.

Estroncio (Sr)

Hervir la muestra por tres minutos en agua ligeramente acidulada con ácido clorhídrico (pH 5-6). Al añadir unas gotas de ácido sulfúrico se produce un precipitado de sulfato de estroncio.

Fósforo (P)

Disolver el polvo en ácido nítrico concentrado. Filtrar. Añadir al filtrado molibdato amónico recién preparado. Déjela reposar unos minutos y luego caliéntela ligeramente. De existir fósforo se formará un precipitado de color amarillo de fosfo-molibdato amónico.

Hidrógeno (H)

Calentar en un tubo de ensayos PYREX ®. El agua se condensa en las partes más frías del tubo.

Hierro (Fe)

Ferroso- Disolver el polvo en ácido clorhídrico y añadir ferrocianuro potásico. Se obtendrá un precipitado de color azul oscuro.

Férrico- Disolver el polvo en ácido clorhídrico y añadir ferricianuro potásico. Se obtendrá el un precipitado azul Prusia.

Iodo (I)

Disolver la muestra en ácido nítrico concentrado y luego añadir unas gotas de nitrato de plata. Se formará un precipitado amarillo de ioduro de plata (AgI), casi insoluble en hidróxido amónico (a diferencia del cloro y el bromo).

Magnesio (Mg)

Disolver la muestra en amoníaco y añadir fosfato ácido de sodio. Agite y deje reposar unos minutos. La presencia de magnesio provocará la formación de un precipitado blanco y cristalino.

Manganeso (Mn)

Hervir el polvo en ácido nítrico concentrado y óxido de plomo. Dejar reposar unos minutos. La disolución tomará un color púrpura.

Mercurio (Hg)

Calentar la muestra en un tubo de ensayos PYREX ® con tres partes de carbonato de sodio. El tubo debe de estar tapado con un trapo. El mercurio se condensa en la parte fría del tubo.

Diluir en cualquier ácido. Sumergir un alambre de cobre limpio en la solución. El mercurio se depositará sobre el alambre de cobre.

Molibdeno (Mo)

Disolver el polvo en ácido nítrico y evaporar en un tubo de ensayo PYREX ® hasta desecar la muestra. Poner la muestra en un plato de porcelana y añadir unas gotas de ácido sulfúrico concentrado y calentar hasta que empiece a emitir vapores con fuerza. Al dejar enfriar la muestra tomará un intenso color azul. Si se añade una gota de alcohol, se acelera la aparición del color. Unas gotas de agua destilada son suficientes para desaparecer el color azul.

Níquel (Ni)

Añada ácido clorhídrico y luego hidróxido de amonio en exceso (pH > 9). La disolución tomará un color azul pálido más clara que la misma reacción producida por el cobre.

Nitrógeno (N)

Añadir una pequeña cantidad de ácido sulfúrico diluido y el doble de dicha cantidad de ácido sulfúrico concentrado. Enfriar en agua y añadir sulfato ferroso concentrado y recién preparado. En la capa de separación entre ambos líquidos se formará un anillo de color castaño.

Oro (Au)

Disolver el material en agua regia. Evaporar hasta casi secarlo y disolver el material restante en agua destilada. Añadir unas gotas de cloruro de estaño recién preparado. La presencia de oro provoca la formación de un precipitado de color púrpura a carmelitoso.

Disolver el material en agua regia. Añadir unas gotas de cloruro de hierro recién preparado. La presencia de oro provoca la formación de un precipitado.

Oxígeno (O)

Añadir ácido clorhídrico. Si la cantidad de oxígeno es abundante se liberará cloro que es fácilmente reconocible por su olor característico y sus propiedades decolorantes.

Calentar la muestra en un tubo de ensayo PYREX ®. Si la cantidad de oxígeno es abundante se liberará oxígeno. Si se acerca un tizón a la boca del tubo de ensayos se revivirá el fuego.

Plata (Ag)

Añadir ácido nítrico concentrado y luego ácido clorhídrico concentrado. La presencia de la plata quedará confirmada por la formación de copos blancos de cloruro de plata (Fig. 15).

Platino (Pt)

Disolver en agua regia y evaporar hasta la decantación. Redisolver en ácido clorhídrico concentrado y evaporar hasta formar una pasta. Diluir en agua destilada y añadir ácido sulfúrico concentrado y un cristal de yoduro de potasio. La disolución tomará un color castaño.

Plomo (Pb)

Disolver en ácido nítrico concentrado y añadir ácido sulfúrico concentrado. La formación de un precipitado blanco e insoluble de sulfato de plomo indicará la presencia de plomo en la muestra.

Potasio (K)

Disolver primeramente en ácido clorhídrico y luego añadir ácido clorhídrico platínico. Se observará la formación de un precipitado cristalino amarillo.

Silicio (Si)

Disolver en ácido clorhídrico concentrado y evaporar hasta la desecación obteniéndose una masa gelatinosa de ácido silícico.

Telurio (Te)

Disolver en ácido sulfúrico concentrado y calentar ligeramente. ´La solución tomará un color violeta-rojiza que se convierte en un precipitado negro-grisáceo al añadir agua destilada.

Titanio (Ti)

Fundir en una llama oxidante sobre tableta de carbón y tres partes de carbonato de sodio por cada parte de muestra. El fundido se disuelve en ácido clorhídrico para formar cloruro de titanio. Añadir una escama de estaño y hervir. La solución tomará un color violeta.

Fundir en una llama oxidante sobre tableta de carbón y tres partes de carbonato de sodio por cada parte de muestra. Disolver el fundido en una solución 1:1 de ácido sulfúrico y agua destilada. Dejar enfriar y añadir agua destilada y unas gotas de peróxido de hidrógeno. Dependiendo de la cantidad de titanio presente, la solución tomará un color entre amarillo claro y rojo anaranjado.

Uranio (U)

Disolver en ácido clorhídrico y añadir ferricianuro potásico. Se formará un precipitado de color castaño. Si se añade hidróxido de potasio el color cambiará a amarillo.

Vanadio (V)

Disolver el polvo en ácido nítrico y añadir peróxido de hidrógeno. La solución tomará un color entre anaranjado y castaño rojizo.

Wolframio (W)

Fundir en una llama oxidante sobre tableta de carbón y tres partes de carbonato de sodio por cada parte de muestra. Disolver el fundido en agua destilada caliente. Filtrar y acidular con ácido clorhídrico concentrado. En la parte fría del tubo de ensayos se forma un precipitado blanco insoluble de ácido wolfrámico hidratado.

Zirconio (Zr)

Fundir en una llama oxidante sobre tableta de carbón y tres partes de carbonato de sodio por cada parte de muestra. Disolver el fundido en ácido clorhídrico concentrado, hervir y filtrar. Añadir al filtrado varias gotas de fosfato ácido de sodio y se formará un precipitado blanco.

6 REFERENCIAS

Kraus, E., Hunt, W., & Ramsdell, L. (1959). Mineralogy. Retrieved from http://14.139.56.90/handle/1/2045660

ACERCA DEL AUTOR

Como geólogo profesional con treinta y cuatro años en la industria minera, tengo amplia experiencia en geológica, geoquímica, geomatemática, y una sólida formación en técnicas de investigación y capacitación de personal técnico. He impartido múltiples cursos y entrenamientos en estadística, propedéutica, técnicas de presentación, QA&QC, y otras, tanto en línea como en persona. P.Geo. registrado en la provincia de Ontario.